学生版

什么是什么 德国少年儿童百科知识全书

动物感官

［德］魏图斯·彼·德略舍尔 等 / 著

［德］莱纳·茨格 / 绘

徐小清 / 译

长江出版传媒 湖北教育出版社

前　言

　　动物具有很多人类难以想象的感知能力。例如，有的动物能够听到图像，看到热辐射；有的动物能够闻到几千米以外的气味，能够感觉到地球磁场或者预知地震；一只鹰能够在 30 米远的地方读报纸，尼罗河梭子鱼则喜欢互相"发电报"。不过，动物的这些特殊能力都不是神秘的超自然现象，它们的奇特本能都可以用科学原理来解释。我们绝不能从迷信的角度去解释这些现象。

　　动物的眼睛也是不尽相同的。青蛙眼中的世界和人类看到的世界完全不同，而蜜蜂眼里看到的世界完全又是另外一番景象了，夜蛾看到的星座图像也跟我们人类看到的不一样。蝙蝠用我们人类根本听不到的超声波来观察世界，而雄林鸡能用人类听不到的低沉声音唱歌。

　　本书将对这些神奇的现象进行科学的解释。除此之外，目前有很多动物种类都濒临灭绝的危险，我们要拯救它们，首先必须要认识它们，了解它们的生存基础和行为方式，特别是它们在这个世界上赖以生存的能力，这也是本书的另一个意义所在。

　　此外，通过对动物神奇本能的研究，人类可以更好地了解这个世界。动物和人类眼中的各种事物，都是大自然的杰作。

图片来源明细

Tessloff出版社档案室(纽伦堡)：12左下，13下(2)，16上，23右下，25右下，26右下，28左下，29上(圆形)，31右下，40右下，44上；

考比斯图片社(杜赛尔多夫)：6左下，34/35下；

Okapia(法兰克福)：8/9下，10上(2)，10左下，10/11下，13上，15左下，16下(2)，17右下，21左中(2)，25左中，27右上，29上，30上，30左下，34(3)，35右下，36左下，37右下，39下，41左上，43左中，44/45上，44右下，47左上；

Mauritius(米藤瓦尔德)：6右上，18/19下，42右；

NABU(波恩)：28右中；

Picture-Alliance(法兰克福)：4右下，5右上，5左中，5右下，6上中，7右下，9左上，21左上，21右下，22右上，24下，30右中，33右上，42左下；

赫尔默特·施密特(波恩大学)：23上；

Wildlife(汉堡)：4左上，4中，4/5上，6右下，8左下，10左下(圆形)，11左中，12右上，15右上，15右下，19左上，25左中，28/29上，29下，32左下，35左上，36右上，38左上，39上，40上，40右中，41右中，45右下，46(3)，47右中，47下；

封面图片：视觉中国

插图：曼弗雷德·托佛文(施特拉伦)：7(圆形)，8，9，11，12，14，17，19，20下，29，31；视觉中国32，37，38，40，43，45，46；莱纳·茨格(维摩斯多夫)：7(图标)，18，20，22，24，26，31(图标)，33

创意与设计：约翰·布勒丁格(纽伦堡)

目　录

感觉创造出来的种种奇迹

一只猫正在享受日光浴，有了感觉细胞，它才能感觉到太阳的温暖

我们根本就感觉不到，而动物中的天才却能神奇地感觉到这些东西，其中最令人惊讶的就是对地球磁场的感觉。研究者们最初都不相信有地磁场存在。然而，人们后来逐渐发现了这种现象的科学解释，它与魔术无关，当然也不是"超能力"。

难以解释的感觉

人们通常所说的五种感觉指的是：视觉、听觉、触觉、嗅觉和味觉。第六感觉指的则是人的意念力或精神感应，又称超感觉力。事实上，感觉的种类远不止这些，而具体有多少种感觉则取决于人们如何划分感觉的界限并对它们进行归类。例如，人们通常把感觉划分为远距离感觉（如：听觉和视觉）和近距离感觉（如：触觉、嗅觉、味觉以及痛感和重力感）。不过试想一下，一只夜蛾能在10千米以外的地方嗅到雌性夜蛾的味道，那么嗅觉还是近距离感觉吗？蚁类动物能感觉到太阳和月亮的引力，那么重力感还属于近距离感觉吗？此外，人们根据刺激方式把感觉划分为化学感觉和机械感觉。机械感觉是通过刺激感觉细胞产生的感觉，比如触觉就属于这类感觉。而化学感觉则是通过化学物质产生化学反应来刺激感觉细胞，从而产生感觉，如嗅觉。

外部和内部感觉

感觉不仅仅针对外部刺激而言，同时还针对内部刺激。人们通常说的视觉、听觉、嗅觉、味觉和触觉等"五感"就属于外部感觉。然而对生存来说，内部感觉同样重要，因为内部感觉会对饥渴、喉咙痛痒、血液中的二氧化碳含量和温度，以及身体发出的诸多早期危险信号做出反应。内部感觉能及时反映身体内部环境的变化和内部器官的工作状态，当人体的内部器官处于不正常的工作状态时，就会产生一系列不适的内部感觉。

此外，人体对运动、速度和平衡的感觉，也属于内部感觉。

蝙蝠的回声定位系统，使它们在黑暗的洞穴里也能找准方向

因为人的嗅觉不是特别敏锐，所以要借助猪来寻找块菌

超人的感觉

除了我们的大脑具有动物所无法比拟的超强能力之外，动物"专家"在各个方面的能力都远远超过了我们人类。很多东西

候鸟的定期迁徙仍存
在许多未解之谜

一只狗正依靠它超常的嗅觉协助寻找雪崩遇难者

器，那他一定会变得很富有，然而到目前为止也就只有猪和狗能够成功地找到块菌。

这只经过训练的狗，能通过嗅探人的呼吸发现人身上的恶性肿瘤

比任何一种高科技更精准

许多动物的感觉甚至比最先进的测量仪器都要灵敏和准确。这个世界上没有哪一种工具能够制造出与自然感官细胞一样微小的结构。依靠普通的光学显微镜通常根本无法看清楚这样微小的结构。因此，人们有时会通过动物来获取一些有用的信息。例如在医学中，人们训练狗通过病人的呼吸来检查他是否患有肺癌。在 90% 的案例中，狗的判断是正确的，这样就能够在发病初期断定病人是否患有恶性肿瘤，而任何实验都无法靠分析病人的呼吸来完成这样的检查。在搜寻毒品或者寻找雪崩和地震遇难者的工作中，狗同样创造了神话般的奇迹。

如果有谁能够发明一种可以找到珍稀块菌的仪

未来的可能性

许多动物的超级感觉并不能被人类利用，因为它们往往性情多变，难以驯服。其中，"气象学家雨蛙"是最典型的例子。生活在大自然中的雨蛙拥有预测天气的非凡能力。在冷空气或暴风雨即将来临的时候，雨蛙的某些行为方式会发生改变，预示着天气将要发生变化。但是人们却无法利用雨蛙来预报天气。因为，当人们把雨蛙喂养起来时，就无法判断雨蛙的行为哪些是正常的，哪些是不正常的。当雨蛙脱离了自然环境，它们预测天气的能力就消失了。

不断发展的生物工程学，为人们利用动物的这些奇特感觉提供了越来越多的途径。最近，人们根据黑色松树甲虫的温度感觉器官，研发出了一种价格低廉的实用型火警报警器，它能探测到80千米以外的森林火灾。

饥饿刺激身体发出需要食物的信号

5

眼　睛

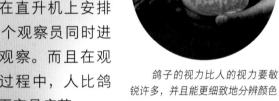

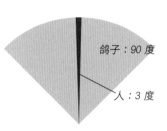

鸽子的视力比人的视力要敏锐许多，并且能更细致地分辨颜色

当船只在大西洋上失事后，登上救生艇逃生的遇险乘客除了一望无际的海水什么都看不到。等到他们好不容易听到了救援直升机嗡嗡的引擎声，但直升机上的救援者除了白茫茫的浪花之外也看不到他们。于是，救援者把 3 只鸽子放在机舱内的观察箱里，并让它们朝 3 个不同的方向看。其中一只鸽子在一个按钮上啄了一下，触动了警报，使救援者找到了失事方向。飞行员立即朝着这个方向飞去，立刻就找到了遇险者。

美国海岸警卫队训练鸽子，帮助他们寻找海上所有橘红色的小点——救生艇。这种训练利用了鸽子的特殊本领。鸽子能够在 90 度的视野范围内，集中注意力观察事物，而人通常只能在 3 度的视野范围内集中注意力观察某种东西。如果想达到鸽子的搜索效果，人们需要在直升机上安排 30 个观察员同时进行观察。而且在观察过程中，人比鸽子更容易疲劳。

其他一些动物的眼睛也具有强大的功能。鹰的视力非常好，可以看到 800 米远的一只蜻蜓。如果人要是有这么好的视力，那我们就可以在 30 米远的地方读报纸了。

狮子的视力跟人的一样敏锐，它可以看到 1 500 米以外的一只羚羊。大象和犀牛是草食动物，而且它们长大后不需要搜寻猎物，也没有什么天敌，所以它们的视力很差。它们甚至无法把 30 米远的灌木丛和一匹斑马区分开来。它们只能模糊地感知周围的环境，就像人患了近视一样。

鸽子：90 度

人：3 度

在集中注意力搜寻时，鸽子和人的视野范围

最大的眼睛

眼睛最大的动物是大王乌贼，它的眼睛有盆子那么大，直径达 40 厘米。这个大家伙长约 7.5 米，生活在深海里，能发现黑暗中极其微小的光点。

一只猞猁正在追捕一只老鼠

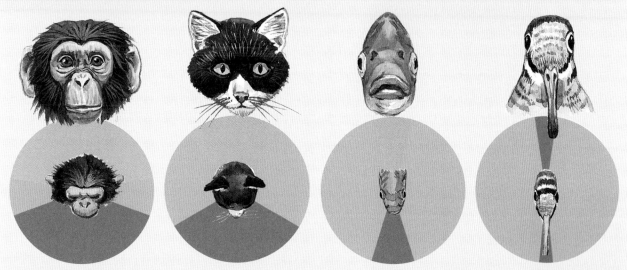

动物的视野范围区别非常大。图中暗蓝色的区域表示双眼视野重叠区域，在这个范围内可以产生立体视觉。浅蓝色区域表示单眼视野范围。灰色的区域表示"盲区"

从动物眼睛的生长位置可以看出它的生存方式。例如猫这种善于捕猎的动物，它的双眼长在前方。这样，虽然它在后方和两侧方向的视野范围不是很大，但是当它直视前方时，双眼视野高度重叠，有利于它追捕猎物。这是因为，在双眼视野重叠区域内，大脑能够计算出与猎物之间的距离，并由此调整双眼视角。相反，那些总是遭到追捕的动物，例如兔子和金鱼，它们的眼睛则长在头部两侧。这样，它们不用转动头部就可以看到身体两侧的情况了，便于发现危险并及时逃走。有些动物甚至能够同时看到四周的情况，例如丘鹬。

最小的眼睛

哺乳动物中田鼠和鼹鼠的眼睛最小。虽然它们必须依靠其他感官在黑暗中确定方向，但它们并不是瞎子，它们的眼睛能分辨出明暗的差别。

失明的动物是否濒临死亡的边缘呢？

通常情况下，哪怕只是失去一只眼睛，都会给动物带来非常大的困难。这不仅是因为它的视野范围变小了，更严重的是，一只眼睛没法形成立体视觉，因为立体视觉的形成需要两只眼睛同时观察和反馈信息。不过，就算动物的两只眼睛都看不见，也并不意味着它会死亡，例如狐狸和水獭都能在丧失视力后存活很长一段时间。

对于很多动物来说，眼睛并不是它们最重要的感觉器官。对于大多数哺乳动物来说，它们的鼻子更为重要，因为它们通常都是在夜间出来活动，利用鼻子寻找食物。而在群居动物中，假如某只动物的视力受损，它会受到其他成员的照顾，甚至会成为群体的头领。

水獭

鼹鼠的眼睛只有大头针的针头那么大，只能辨别明暗

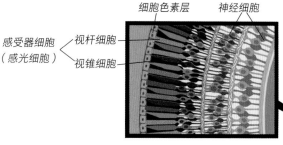

细胞色素层　神经细胞

感受器细胞
（感光细胞）
视杆细胞
视锥细胞

视网膜中的视杆细胞能够感
觉明暗，视锥细胞能够分辨颜色

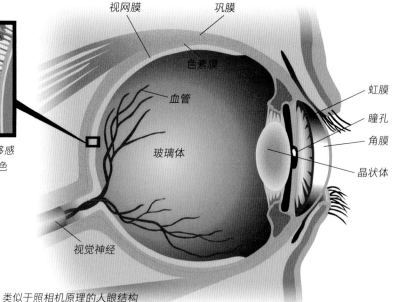

视网膜　巩膜

色素膜

血管

玻璃体

视觉神经

虹膜
瞳孔
角膜
晶状体

类似于照相机原理的人眼结构

眼睛是如何工作的？

所有脊椎动物的眼睛都是按照相同的原理工作的，但是效果却不一样。眼睛的工作原理就像照相机的工作原理一样，光线穿过瞳孔，也就相当于光线通过光圈，经过晶状体，到达视网膜上的一点，形成图像。视网膜中的感光细胞就相当于照相机中的胶卷。感光细胞由能分辨明暗的视杆细胞和能分辨颜色的视锥细胞组成，它们把接收到的光线变成电信号，然后通过神经系统把这种视觉形象传到大脑皮层。

在视网膜上形成的图像非常奇怪：图像边缘严重失真，直线被显示成了曲线，物体的轮廓像彩虹边缘的颜色一样模糊不清。但是人眼的视觉神经系统能够完美修正这些视觉错误，使周围环境完美无瑕地呈现在我们眼前。

如何提高视觉的敏锐性？

视网膜上的视觉神经越密集，捕捉到的像点就越多，相应地，影像就更加清晰，这种说法听起来似乎很合乎逻辑。

如果动物想拥有和人类相媲美的视力，每平方毫米的视网膜上必须集中有 16 万个视觉细胞，但是如果在如邮票般大小的整个视网膜上都分布这么密集的视觉细胞，那简直就是一种浪费。研究发现，视觉细胞只需要密集分布在视力敏锐的范围内，也就是我们所说的视网膜中心凹处就可以了。

游隼视网膜中心凹处密集分布着 1 300 万个视觉细胞，那么它

眼睛大等于视力好？

马的眼球有五厘米那么宽，比人的眼球大一倍以上。那么马的视力是不是也比人的视力好一倍呢？并不是这样！马的视力甚至还没有人的好，因为在马的视网膜中心凹处分布的感光细胞数量不到人眼的十分之一。眼睛大只能接收更多的光线，但是视力不一定更敏锐。

游隼

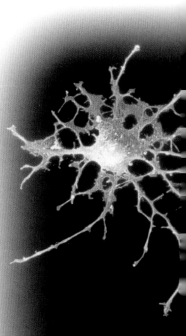

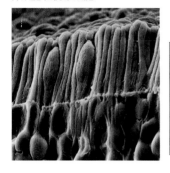

在这幅电子光栅显微镜图中，可以看到人眼视网膜上的视杆细胞和视锥细胞

神经网络

计算机科学也能从大自然中获得启发。虽然计算机的计算速度比神经组织要快得多，但是在很多方面神经要比计算机完成得好，奥秘就在于神经系统相互之间错综复杂的联系。计算机科学研究者把这种高度复杂的联系应用到了计算机科学中，这样的计算机连接被称为"神经网络"。

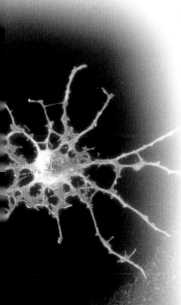

两个连接在一起的神经细胞

的视力是不是也是人的很多倍呢？那也不一定，视力的好坏与视觉细胞的数量和结构、神经系统的再加工方式和辅助功能有关。同类型的因素同样也能影响其他感官的效果。

神经系统是如何加工视觉图像的？

视觉细胞把光线转变为一个个千分之一伏特的电压脉冲。光线越明亮，细胞的反应就越快（不是越强烈），它把这个脉冲通过神经纤维（神经元）传到大脑。这种图像传送顺序完全不同于电视机的图像传送顺序。

人眼视网膜中有1.23亿个视杆细胞和7万多个视锥细胞，但并不是每一个这种细胞都通过神经连接大脑，否则神经束就太粗了。大自然自有它的简便方法——把130条"线路"汇集成一条"总线"，然后接通大脑。

当我们在观察窗户上的十字框架时，按理说，首先应该在大脑视觉皮层中寻找十字方式排列的神经细胞，然后把"十字框架"的信号通过这些细胞传递到大脑。而实际情况并非如此。事实上，我们看到的图像被分解成为上百万个抽象的个体。它们杂乱无章地分散在大脑视觉皮层的神经中，这些独立的抽象个体与具体的图像根本

没有任何关系。

但是最终呈现在我们面前的世界却如同用照相机拍摄下来的一样清晰，这是怎样形成的呢？大脑深层领域通过复杂方式把那些看似杂乱无章的单个部分重新组合，从而形成一幅经过加工的图像。这个图像比在视网膜上形成的图像要清晰得多，我们能通过这幅清晰的图像观察到很多细节，例如动物的眼睛和人的表情等。此外，在视网膜上形成的影像是倒置的，而我们看到的却是正立的事物，这也是图像经过大脑处理之后的结果。

因此，人们把视觉生理机制

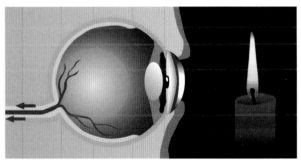

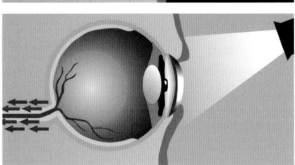

在弱光（如烛光）的刺激下，视觉神经向大脑发送信号的速度较慢；而在强光的刺激下，发送速度则较快。红色箭头表示发送的信号

分为两个过程：物体在视网膜上成像的过程，以及视网膜感光细胞如何将物像转变为神经冲动的过程。

眼睛有些什么辅助器官呢？

许多动物的眼睑都能起到清洁眼睛和保持眼睛湿润的作用，有的动物则把眼睑作为睡觉时遮挡光线的"窗帘"。比较特别的是鸟类，除了普通的眼睑外，它们还有第三层保护膜——瞬膜。瞬膜是一种透明的晶状体，也能保持眼睛的湿润。当鸟类在高空中快速飞行时，它们不时地耷拉几下瞬膜，以免风把它们的眼睛吹得发干。

瞬膜的作用远不止如此，鸬鹚和秋沙鸭等会潜水的鸟类不仅可以看清空中的东西，还能看清楚水下的东西。当它们待在水下时，只要闭上瞬膜就可以看清东西了。如果没有戴潜水镜，人在水下实际上

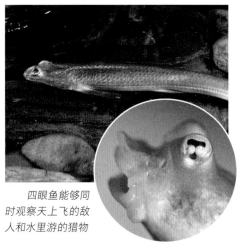

四眼鱼能够同时观察天上飞的敌人和水里游的猎物

看不到什么东西，因为水下光线的折射与地面上的不同。瞬膜作用就类似于潜水镜的工作原理。鸟类敏锐的视觉能力完全取决于它们惊人的视野范围以及这样的辅助手段。它们调整自己眼睛的能力要比人类强七倍。

四眼鱼

四眼鱼生活在南美洲水域的浅水区。当然，它不可能有四只眼睛，因为所有的脊椎动物都只有两只眼睛。四眼鱼眼球内的虹膜上生出两个凸起，从中间将眼睛分为上下两个部分，上半部分能看到空中的情况，下半部分能看到水中的情况，看上去就像是四只独立的眼睛。所以，四眼鱼的两只眼睛却起到了四只眼睛的作用。

鸬鹚借助瞬膜能看清楚水下的东西。在陆地上它就不需要这个辅助工具了

虾和蟹的柄眼能在黑暗的水下看清物体

猫的眼睛

猫眼有一个很诡异的特点。它的眼球中有个"反光镜"——一层薄膜在视网膜的后面反射光线，这就是它的眼睛看起来闪闪发亮的原因。

图片中能清楚地看见豹子"闪闪发亮"的眼睛

柄眼有什么好处呢?

虾和蟹通常都躲在淤泥下，用不易被发现的柄眼观察四周。不过，这种柔软的柄眼很容易被压破或者被敌人咬掉。但对鳌虾来说这也不是什么大事，因为，鳌虾在下一次蜕壳时又会长出新的眼睛。

没有眼睛，动物也能看见东西吗?

单细胞生物，如变形虫和鞭毛虫的细胞内就含有一种带颜色的斑点——感光色素。

大多数原始生物的身体表面的绝大部分都能感受到光，这有助于它们找到光源。有种螨虫的每一只前足上都有一个感光点，它们利用这些感光点"触摸"自己的影子，并相应地调整自己的运动方向。

在更高级的进化阶段里，越来越多的感光细胞聚集到一起形成了视网膜，并且向内陷成凹状，例如帽贝的眼睛。这种眼睛看不清具体的图像，但是能辨认白天与黑夜，还能够觉察到敌人的运动，这对它们的生存来说至重要。

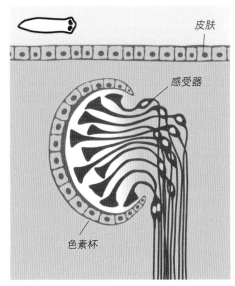

涡虫的色素杯是比窝眼更古老的一种"眼睛"：单个光感细胞被只朝一侧方向开口的色素杯包围着，这样它就能辨认光源，从而认准方向

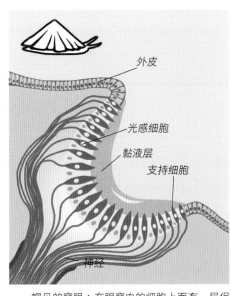

帽贝的窝眼：在眼窝中的细胞上面有一层保护性的黏液层。因为它含有的视觉细胞比色素杯中的多，所以它可以分辨明暗以及物体运动方向

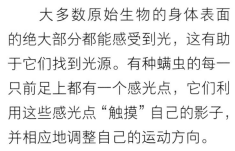

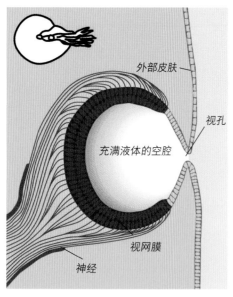

外部皮肤

视孔

充满液体的空腔

视网膜

神经

鹦鹉螺具有照相功能的孔状眼睛（暗箱眼）：只需要一点点光线通过视孔，就能在视网膜上形成图像。如果进入的光线太多，形成的图像就会变得模糊

视觉细胞

外部皮肤

晶状体

神经

色素细胞

葡萄蜗牛的晶状体眼睛（泡眼）：晶状体很可能是从孔状眼睛中的液体进化而成的。尽管孔口很大，但是能够看得更加清晰明亮，因为晶状体能够聚集光线

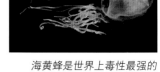

海黄蜂是世界上毒性最强的水母之一

晶状体是怎么形成的？

为了能够避免在阴天时看不到光线而遭到敌人的攻击，动物们必须要提高它们的视觉能力。于是窝眼逐渐进化成了一个球形空腔，上面有一个针眼大小的孔，就像我们看到的

当视力减弱时，看小字体的文字就很困难了

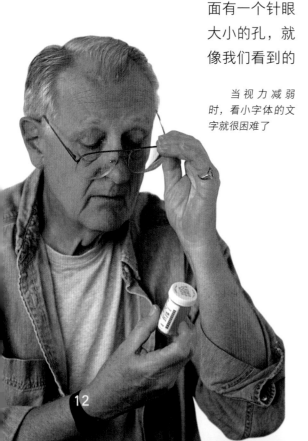

生活在海里的鹦鹉螺的眼睛一样。但是从这个小小的孔中只能通过很少的光线。为了能够聚集更多的光线，球形空腔内充满了透明的物质，这样就形成了能够聚集光线的晶状体。但是仅仅只有晶状体，还不能在视网膜上形成焦点，也看不到清晰的图像。要想形成图像，晶状体首先必须凸出于视网膜，然后通过肌肉运动改变晶状体的形状，从而使远近的物体能够在视网膜上形成焦点，人类的眼睛就是这样工作的。

脊椎动物的眼睛若想看到远处的东西就必须调节焦距。因此，当一个人很随意地看向远方时，是看不到什么东西的，只有通过肌肉的力量使晶状体弯曲，人们才能清楚地看到远处的东西。

随着年龄的增长，人们在近距离观察事物时会模糊不清，所以老年人看东西时要戴老花镜（凸透镜）。

海黄蜂是一种含有剧毒的水母。它长有8只晶状体眼睛（泡眼）。这样一种不具备复杂神经系统的原始动物居然长有泡眼，那只能说明泡眼的形成机理必定十分简单。

大蜥蜴是恐龙祖先的亲戚，它的"第三只眼睛"就是额头上面的一个洞

眼睛的惰性

人类的眼睛每秒钟最多只能分辨 50 张图像，因此，由单个图片组合成的电影在我们看来就像是自然发生的过程一样。鸽子能够轻松地辨认图片，因为鸽子的眼睛每秒钟能分辨出 150 张图像。

动物有"第三只眼睛"吗？

许多脊椎动物在两只眼睛之间都长有"第三只眼睛"——松果体，但只有新西兰喙头蜥的松果体露出体外。松果体一般位于头盖骨上两个眼眶之间，松果体内有可以感光的脑细胞，这也证明：眼睛的视觉细胞是由能够感光的脑细胞进化来的。对于大部分动物来说，头盖骨的这个位置非常薄，允许光线通过，所以松果体就没有必要露出来。

长在头顶的眼睛到底有什么用处呢？当研究者在麻雀和鸭子的头顶上盖上帽子时，答案就很清楚了：这些戴了帽子的动物不知道什么时候该孵卵，什么时候该换羽毛，也不知道什么时候该为冬天储备脂肪了。

这是怎么回事呢？原来，脊椎动物体内都有一个"生物钟"，它们通过头顶的眼睛和脑垂体分泌的荷尔蒙来感觉昼夜交替和时间的流逝。如果它们的这种感觉消失了，那么身体功能的运转就会变得非常混乱。

生物钟调节着人或动物在 24 小时内的生活规律。这个规律影响着很多身体功能，如体温和新陈代谢等。人们发现，作息时间非常规律的人，比那些睡觉时早时晚的人所需要的睡眠时间要少一些，因为有规律的作息时间能使身体更好地休息和更快地恢复。

如果人们用帽子把这只麻雀的"第三只眼睛"遮住的话，它就会失去时间感

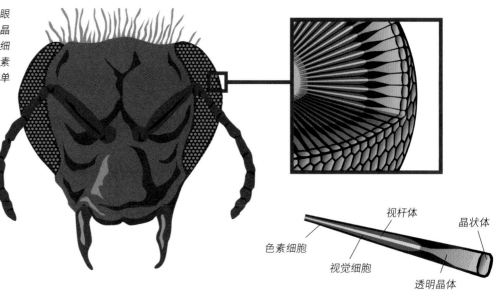

蜜蜂的复眼是由数千个单眼组成的。光线通过每只单眼的晶状体和透明晶体，投射到视杆细胞以及周围的视觉细胞上。色素细胞为每只单眼遮住来自相邻单眼的光线

视杆体

晶状体

色素细胞

视觉细胞

透明晶体

什么是复眼?

我们通常对昆虫钻石般闪亮的眼睛充满着神秘和异样的感觉。因为昆虫的眼睛是由许多相同的楔形单眼组成的，所以我们称这种眼睛为复眼。弹尾目昆虫的复眼包括12只单眼，蜜蜂的复眼包括5 000只单眼，而蜻蜓的复眼则由30 000只单眼组合而成。

蜜蜂是怎么观察世界的?

没有人知道蜜蜂是怎样观察这个世界的，但有一点是可以肯定的，蜜蜂的复眼看到的世界远不如人看到的那么清晰。那么它们是不是不用去辨认，哪些形状的花朵里含有花蜜呢?诺贝尔奖获得者卡尔·冯·弗里希在这方面进行了深入的研究。他发现，蜜蜂连简单的几何形状都无法辨认，但是当它被浓郁的花香吸引过来之后，却能在半米的距离内成功地辨认出形状复杂的花朵。这点表明了:昆虫的眼睛能够看到什么，不仅仅依赖于光线，而且还依赖于神经系统对图像的加工。

蜜蜂的眼睛由5 000只单眼组合成，能够产生5 000个像素，但这对于形成清晰的图像来说是远远不够的，即使是最老式的电视机画面都拥有50万的像素。

蜜蜂不能区分上面一行和中间一行的图形，不可思议的是，它们却能轻易地辨别出下面一行中两种花的形状

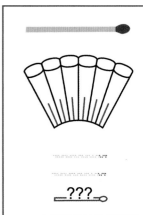

人们通常认为复眼能看到的是类似于马赛克的拼接画面，因为光线在进入眼睛时被屏蔽了。但复眼究竟看到的是什么，现在还是一个未解之谜

其他昆虫能辨认什么？

蚂蚁们只有相互离得很近时才能感觉到对方

选择性感觉

在数量众多的刺激中，过滤出最重要的刺激并做出反应，这叫作选择性感觉。例如，在人类的大脑中就有仅对脸孔敏感的神经细胞。

仅有数百只单眼的蚂蚁只有当它们马上就要相撞时才能看到对方；而拥有6万只单眼的大蜻蜓却能以每小时50千米的速度捕食苍蝇；蚂蚁能清楚地看到它们的像小黑点一般的洞穴入口；松针毒蛾的毛虫和马尾松毛虫只能感觉到垂直的粗线条，这些线条就是它们将要爬上去的树干。

所以说，每种昆虫的眼睛的任务就是让它们生存下去，至于能否形成清晰的图像，就显得无关紧要了。

完美的适应

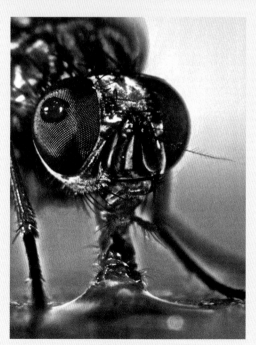

家蝇的单眼视觉细胞是相互连在一起的

蜜蜂的眼睛对光线的敏感度很差，它们在晚上看不到星星。当然，它们也不需要这种本领，因为它们晚上会睡觉。夜蛾在晚上根据星星调节自己的飞行路线，所以它们的单眼结构能使尽可能多的光线进入到眼睛里。家蝇的复眼则拥有两种能力，能把光线增强七倍。

这只天蚕蛾拥有适应生存环境的眼睛：对于它们来说，一点微弱的星光就足以让它感觉到周围的环境

色　感

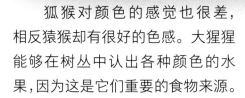

许多人认为，公牛看到红色就会发怒，这种观点其实毫无根据：因为不论是公牛还是母牛，它们都是红色盲。这种只吃草的动物去识别红色干什么呢？真正使牛愤怒的是斗牛士手里晃动着的布，而不是红色。

在夜间活动的浣熊、金仓鼠、鳄鱼和负鼠类动物，它们只能辨认出黑白两种颜色。狗、家鼠、猫和家兔辨别颜色的能力都很差，因为这个能力对于它们来说已经无关紧要。

刺猬在黑白的世界里只能看到蜗牛和蠕虫的颜色——黄褐色。红背是食草动物，它能够分辨红色和黄色，因为它需要通过果实的颜色来判断果实是否已经成熟，红色的就是成熟的果子。

在马和山羊的眼里，天空永远是灰色的，因为它们是蓝色盲。而绵羊则既辨认不出蓝色，也辨认不出红色。

狐猴对颜色的感觉也很差，相反猿猴却有很好的色感。大猩猩能够在树丛中认出各种颜色的水果，因为这是它们重要的食物来源。

斗牛士快速挥动着手里的红布

**动物眼中的
色彩究竟有
多么奇特？**

深海鱼大多是红色盲，因此有一种深海肉食鱼就通过它体内的发光器官发出红色的光，从而在猎

保护色——红色

在绿色的森林里生活着大量红色的动物，如狐狸、狍子、赤鹿和松鼠。因为不可能把毛皮染成绿色和环境融为一体，所以它们用红色做伪装，这是因为它们的敌人不能分辨红色和绿色。在美国，猎人们经常穿着鲜红的猎装，这样他们就可以清楚地看到同伴，而不会被动物们发现。

*左图：一只红鼠在吃东西
右图：刺猬虎视眈眈地盯着它的猎物——一只鼻涕虫*

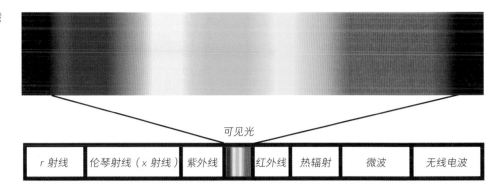

我们能看到的光线只是电磁波谱中很小的一部分

可见光						
r 射线	伦琴射线（x 射线）	紫外线		红外线	热辐射	微波	无线电波

看不见的紫色

鸟类的视网膜中至少存在着四种视锥细胞，因此它们能够辨认四种基本颜色以及许多人类无法辨认的混合色。最特别的是，它能看见我们根本就无法感知的紫外线。

黑猩猩母亲带着小猩猩用不同的颜色画画

物毫无察觉的情况下发现并捕获它们。青蛙在遇到危险时会被蓝色吸引，所以它们不跳到草丛中而是跳到水里。蜜蜂只在寻找花朵的时候能够辨认颜色，在它们找到花蜜返回蜂巢时就变成了色盲。蚜虫只有在天空是蓝色时才会出发，因为蓝色的天空说明天气晴朗。经过几个小时的飞行后，蚜虫的目标就会变成黄绿色——植物的嫩芽。当孔雀鱼朝上看时，只能辨别出绿色；但当它往下看时，却能看到蓝色和紫色的物体。因此，在繁殖期内，颜色鲜艳的雄性孔雀鱼只会在雌性孔雀鱼身体下方"跳舞"。

大部分动物眼中的世界不像我们人类眼中看到的这样丰富多彩。科学研究证明，只有少数几种猿猴（很多猿猴是红色盲）拥有或者接近人类这样完美的颜色辨别能力。例如，黑猩猩辨认颜色的能力就和人一样强。

人类能辨认红色、橘色、黄色、绿色、蓝色、靛蓝以及紫色等 250 种单色和 17 000 多种混合色，还能分辨出从白色到黑色的 300 种不同灰阶。

眼睛怎样辨认颜色？

人眼视网膜中有 1.23 亿个能够感受黑白色的视杆细胞和 700 万个能够感受色彩的视锥细胞（在中心凹中只有视锥细胞）。视锥细胞有三种，每一种都含有不同的感光颜料——视锥色素，其中 A 型视锥细胞对深蓝紫色的感受最强烈，B 型视锥细胞对深绿色感觉最为敏感，而 C 型则对深黄色和红色部分感觉最强烈。大脑根据视锥细胞感受到的蓝、绿、红三种颜色混合出了彩虹的所有颜色，当所有颜色混合在一起时，我们就看到了白色。有些人患有色盲症，这是由于一种或几种视锥细胞缺失造成的。

对紫外线和红外线的感觉

芸薹 罂粟 亚麻荠 田芥菜 雏菊

人的肉眼能识别这些植物的颜色

蜜蜂的复眼所看到的是一个完全不同的色彩世界

一只蜜蜂飞过花丛，寻找花蜜

有人眼看不见的光吗?

蜜蜂生活在一个没有红色的世界里，但是我们所看到的纯白色的花朵对于它们来说却是五彩缤纷的，例如它们看到的雏菊是蓝绿色的。亚麻荠、芸薹和田芥菜等花朵的黄色，对于人来说是难以区分的，但是对于蜜蜂来说，只有亚麻荠是黄色的，芸薹却是淡紫色的，而田芥菜则是深紫色的。

产生这种"魔幻"色彩世界的缘由是蜜蜂是红色盲，此外就是它们具有一种能力：可以识别人眼看不见的一种光——紫外线。特殊的视锥细胞赋予了蜜蜂和其他很多动物这种能力。很多鸟需要紫外线：当薄薄的云层挡住了视线时，鸟儿们可以根据太阳的位置在紫外线光谱范围内确定方位。

哺乳动物中也有可以看到紫外线的种类。老鼠这种啮齿目动物虽然从几十年前起就一直是各种实验的对象，但是研究人员很晚才发现它们居然可以在紫外线光谱范围里看东西。

人们常犯这样一个严重的错误：用人眼观察到的事物去理解动物眼中的世界。例如，有的人会认为布谷鸟蛋和某些鸟类的蛋看起来差不多，当他把布谷鸟的蛋放到别的鸟巢中的时候，在紫外线光谱范围内，布谷鸟的蛋和其他鸟蛋明显不同。这样，鸟巢的主人就能轻易识别出"外来者"，并把它扔出去。

某些踪迹只有在紫外线光谱范围里才能被看见。老鼠的小便会留下一种紫外线痕迹，一些鹰科动物可以看见这些痕迹，并利用这些痕迹找到老鼠。

这只孔雀在敏感的鸟眼中看起来也是白色的，而且这种白色包含有紫外线的部分

比白色更白

当所有的色彩感觉同时产生作用时，我们看见的就是白色。在很多鸟的眼中，天鹅却不是纯白色的，因为天鹅身上缺少紫外线的颜色。但有一种雌性动物却能经受住鸟类挑剔眼光的考验，那就是白孔雀：它身上的颜色包含有紫外线部分，可以同时刺激鸟类所有的色彩感觉。

动物可以看见热辐射吗？

一名研究人员将响尾蛇的眼睛蒙住，同时阻滞它的嗅觉神经，尽管如此，这个爬行动物还是可以准确无误地找到老鼠并抓住它。这是为什么呢？

动物学家在蛇的头部发现了两个颊窝，当他们把这两个颊窝也阻塞起来时，蛇就再也抓不到任何老鼠了。研究人员在这两个颊窝里发现了他们所熟悉的感觉细胞，这种感觉细胞是用来感应热量的。在人的皮肤里也存在着与之相似的热感应细胞。但是人类每平方厘米的皮肤上平均只有 3 个这种热感应细胞；而在响尾蛇颊窝器官里，同样大小的面积上却密密麻麻地至少分布有 150 000 个这样的热感应细胞，比分布在人全身的热感应细胞还多 5 倍。

某些鱼类长有一种可以发射强烈红外线的器官。这种鱼的红外线感应器官就像一个特殊的手电筒，通过发射红外线照亮猎物，它们的猎物是看不到红外线的，所以这种鱼能轻易地偷袭猎物。

一些昆虫也可以识别红外线，例如一些蛾，它们触角上有红外线感受器。它们就用这种器官来寻找温暖的地方作为栖息地。它们还会利用自己的特殊感觉来寻觅配偶。为了能发出尽可能强

的红外信号，它们可以通过某种手段把自己的体温提高约 10 摄氏度。

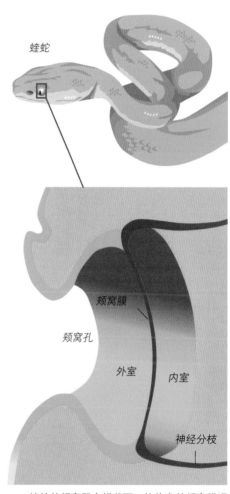

蟒蛇

颊窝膜

颊窝孔

外室　内室

神经分枝

蟒蛇的颊窝器官横截面：热信息从颊窝膜通过神经分枝传递到大脑

热感应图是什么样子的？

密集分布的热感应细胞大大地增强了响尾蛇对热和红外线的感知能力。在漆黑的夜晚，响尾蛇可以"看到"老鼠体温产生的热辐射。只要老鼠的体温比环境温度稍稍高（低）那么零点几摄氏度，响尾蛇看到的热感应图上就会发生变化，从而轻易地发现它们。

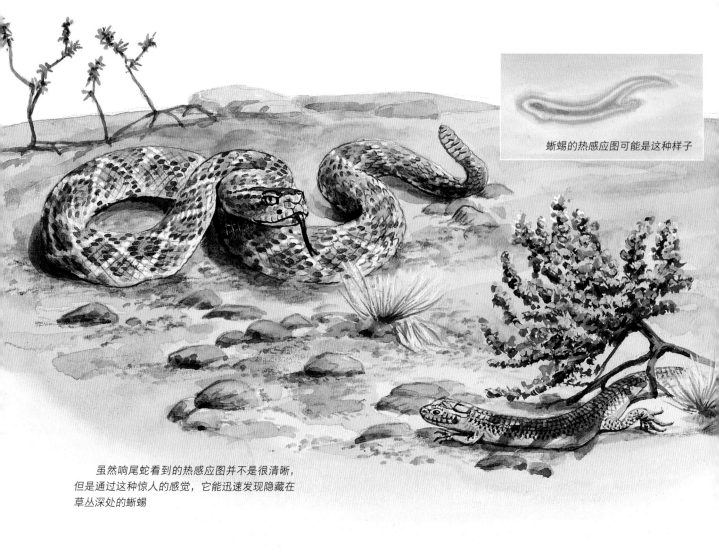

蜥蜴的热感应图可能是这种样子

虽然响尾蛇看到的热感应图并不是很清晰，但是通过这种惊人的感觉，它能迅速发现隐藏在草丛深处的蜥蜴

蛇的大脑有特异功能吗？

此外，蝮蛇和一些蟒蛇才拥有的颊窝器官的感应范围，在它们的头部前方有少许重叠，从而使得它们可以用这个器官来推测猎物的距离——这和人必须用两个眼睛来判断物体位置的立体视觉非常相似。

动物对红外线感受器接收到的刺激进行加工，其过程和人脑处理图像的原理一样复杂。

红外感受器的神经束和视觉原本毫无关系。通常情况下，红外感受器接收到的信息应该属于"触觉"，而眼睛接收到的信息才是"视觉"，人类是不可能把这两种感觉结合在一起的。但是，大自然将红外线感受器的神经束和蛇类大脑中的视觉中枢直接连接在一起，从而解决了这个问题。在视觉中枢中，普通的视觉信息和颊窝器官产生的热感信息投射在同一个平面上，互相补充，就形成了热感应图像。

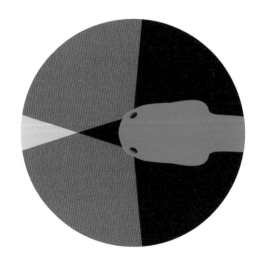

颊窝器官的"视觉"在前面重叠。黄色区域内可以产生所谓的"立体视觉"

温度感知能力

电子光栅显微镜下放大的床虱

所以，对于昆虫来说，晚上处在黑暗中的人不仅是散发着诱人香味的美食，也是一个巨大的"电暖炉"。只要朝着热源飞去，蚊虫就可以美美地饱餐一顿。

温度感知能力是绝对的吗？

人们可以训练动物识别特定的温度：首先让它们在一定温度的环境下待上一段时间，然后让它们出来识别试验温度。试验证明，无论动物先前是待在温暖的，还是寒冷的环境中，它们都能准确地再次识别出试验温度。这就是说，它们具有绝对温度感知能力。那么什么又是相对温度感知能力呢？如果动物能感觉到室温从 20 摄氏度降低到了试验温度 15 摄氏度，此时，如果它们从温度只有 10 摄氏度的冷房间里出来，却无法识别出 15 摄氏度的试验温度，而只有在室温也从 10 摄氏度降到了 5 摄氏度的时候，它们才能够识别出试验温度，那么，这种温度感知能力就是相对的。

一只饥饿的虱子和一只吃饱了的虱子

动物对温度的感知能力具有什么作用呢？

如果有人忘记关掉厨房里的电炉，那么当他走进厨房时，在 2 米开外的地方就能感觉得到烧得发红的电炉正在释放出几百摄氏度高温的热量。但没有人能够在双眼被蒙住的情况下，感觉到 1 米之外的人散发出的热量。

对于床虱来说，感知温度的特异功能是它们赖以生存的本领。夜晚，它们爬到卧室的床上，用触角探测热源——入睡者的方位，并随着他们翻身的动作不断改变触角的方向，然后将口器准确地刺入裸露的肌肤。蚊子的触角甚至能够感觉到五百分之一摄氏度的温差。

闪电般的反应

虱子可以根据体温为它们找到最理想的寄主。当躲在丛林中的虱子感觉到有可供它吸血的动物靠近时，它会在瞬间做出反应，跳上去美餐一顿！

一只蚊子凭着它的温度感知能力发现了新食物

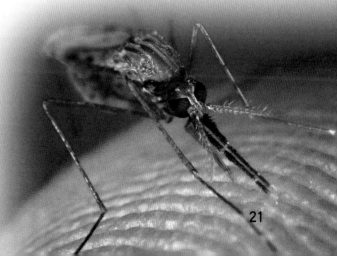

欧蝶鱼能分辨出海水在落潮和涨潮时极其微小的温度差别,从而确定方位。鸟类在孵化它们的卵时,能精确地测量到鸟窝的温度变化,然后把温度准确地调整到孵化小鸟所需的温度。蜜蜂和蚂蚁可以利用它们的"空调设备"把巢穴温度维持在最佳状态。

在澳大利亚生活着一种眼斑冢雉,每当繁殖季节来临,它们就会建造一个直径为5米、高1米的孵卵室。当孵卵室温度过高时,眼斑冢雉会不断改变孵卵室的结构,从而调整孵卵室的温度。这样,即使白天的气温高达40摄氏度,孵卵室的温度也能始终保持在33.5摄氏度。这项不间断的改造工程一直要持续半年之久。

眼斑冢雉

蚁后是"蚂蚁王国"中唯一产卵的雌性动物。在它的一生中,它平均3秒到4秒就会产下一颗卵

蚁穴的"空调设备":通风井与外部冷气通道相通,空气经通风井向下流经蚁穴入口,然后扩散到整个蚁穴。蚂蚁通过扩大或者缩小通风井来调整蚁穴的温度,使位于中心的蚁后室的温度正好保持在30摄氏度

动物中的森林火灾报警器

我们熟悉的黑甲虫具有超强的温度感知能力。它能够在80千米之外的地方感觉到森林火灾，然后飞过去把卵产在烧焦的树上。最近，人们仿照它的感觉器官研制出了一种火灾报警器。在不久的将来，我们只需花几十元钱就可以监控大片森林了。

黑甲虫

某些动物具有比其他动物更敏锐的温度感知能力，这不仅源于它们体内密集分布了大量的感觉细胞（如响尾蛇），还因为它们的感觉细胞具有更高的敏感度。

人如何调节体温？

人类的感觉细胞只能把它们所产生的信号脉冲频率提高到每秒60次，而鳐鱼则可以把信号频率提高到每秒200次。脉冲越强烈，对外界刺激的感应就越准确、越迅速。所以，鱼类的反应速度比我们人类要快得多。

世界上没有哪一种电控空调能使室内永远保持恒温。而人体的天然"中央空调"却可以做到这一点，把体温一年四季都保持在37摄氏度左右。人如果失去这种自然调节功能，在寒冷的夜里，我们会像青蛙一样被冻僵，失去活动和思考的能力。人类的大脑里有一个温控中枢，它能通过控制新陈代谢、呼吸、供血、打寒战和分泌汗液等活动调整人的体温，使体温维持在正常水平。

为什么发高烧很危险？

我们人体内的生物化学反应过程在很大程度上取决于体温。体温过高，新陈代谢过程就会失控，人体细胞就会遭到无法恢复的破坏。人体的正常体温是37摄氏度左右，体温到40摄氏度就已经是高烧了，到了42摄氏度就会有生命危险。

但是，人体有时也会通过适当发热来抵抗病原体的入侵，此时大脑的温控中枢会发出体温过低的虚假信息，人体就是根据这个错误信息相应调节体温。因此，很多人在刚开始发烧时会冷得直发抖。

青蛙是变温动物，它会根据周围环境的温度来调整自己的体温

23

触觉和震动感觉

动物有气压波雷达吗?

鼹鼠正在它建造的地下隧道中以每小时 4 千米的速度飞奔。突然,它停下了前进的脚步,全身戒备,迅速地后退。因为前方有蛇闯入了地洞!鼹鼠究竟是靠什么在黑暗中觉察到敌人的存在呢?

答案就是它的触觉器官,一种"气压波雷达"。鼹鼠在地道里快速穿梭时,就像地铁一样会产生一种压力波,阻力使其中的一部分形成回波,鼹鼠就是通过这种回波来判断前方是否有蛇、蚯蚓或者蜘蛛存在。

正是因为具有这种非同寻常的能力,鼹鼠能感觉到发生在巨大地下迷宫里的每一次坍塌。如果有敌人挖了个通往地道的入口,它立刻就能感觉到。

鼹鼠的鼻尖、前脚上方以及尾巴末端长有上千根感觉灵敏的触毛,此外它的表皮上长有很多触觉小疙瘩。这些都是鼹鼠用来感知周围环境的触觉器官。

鼹鼠的触觉细胞异常灵敏,能够测定地面上细微震动的具体方位。比如,它能察觉到 10 米外一只老鼠在跑动。因为鼹鼠敏锐的感

鼢鼠的回波探测器

以色列研究人员在观察鼢鼠的过程中发现,这种生活在地底下的啮齿目动物把地道挖在石头的周围。它们用头撞击地面,得到地面震动的回声,以此确定石头的位置。

星鼻鼹鼠的头部有 22 根感觉灵敏的"触须",它们就用这些触须来寻找食物

布有触觉细胞，鸟类凭借这些触觉细胞感觉出鸟蛋的数量。当然，它们不是真的在数数，只是有一种特殊的感觉在告诉它们是否有鸟蛋丢失。坚硬的鸟喙也并不是毫无知觉的。比如灰雁，它的嘴尖里长有感觉纤毛，这种纤毛可以在浑浊的水中把可食用和不可食用的东西区别开来。

鼹鼠的狩猎地道长达500米，它根据气压波的回声来判断地道里有什么东西存在

猫在黑暗中可以凭胡须碰触到老鼠，并一口咬住它，其精确度和灵敏度比捕鼠器强多了

没有借助任何机械辅助工具创造出来的建筑奇迹——蜂巢

知能力和"见不得光"的生活习性，人们常常把间谍戏称为"鼹鼠"。

动物可以触摸到什么？

所有鸟类的羽毛根部都有触觉细胞。所以，当羽毛变得杂乱无章时，鸟可以立即感觉到，并用嘴把羽毛梳理平整。鸟类的腹部同样分

难以置信的精确

蜂巢壁的厚度只有千分之二毫米。蜜蜂通过快速地用嘴撞击巢壁，十分精确地控制巢壁的厚度。随后，它们用极度灵敏的触觉测量巢壁的震动程度，只有在巢壁的厚度符合要求时，它们才能测量到相应的震动。

海豹的胡须具有高度发达的触觉。海豹可以利用胡须在黑暗的水底成功地搜寻到猎物

对一个触觉神经细胞施加压力时，细胞壁的渗透性会发生改变，其中渗透出的化学物质会产生电脉冲，从而刺激大脑产生触觉。例如，当人的眼睛受到撞击之后，会眼冒金星，这就是电脉冲作用的结果。

普通触觉细胞受到的压力越大，发射电脉冲的速度就越快，相应的感觉就越强烈。

还有一种细胞只在压力波达到最大值时发出电脉冲，并记录震动频率，这就是震动感觉细胞。而且这种细胞的敏感度还可以通过毛发或者触角的感应得到进一步的加强。

仅靠脚部感觉到的微小震动，凤头麦鸡就可以测定地下 10 厘米深处的蠕虫的具体位置；蜘蛛可以觉察到在蛛网上拼命挣扎的猎物。沙漠蝎可以靠震感找到 0.5 米外的沙蚕；招潮蟹也可以借助震动感觉到 3 米外的叶子飘落到了地面

当雄蚊感觉到每秒550次这个特定频率的振动时，它的触须会相应地产生强烈的振动。这是因为每秒550次这种振动是雌蚊飞行时产生的嗡嗡声。这时，震动感就成了雄蚊的"耳朵"。

但是，只有在雌蚊飞行时，雄蚊才能"听见"这种震动，因为它的感觉器官只对特定的刺激进行筛选和传递。

夜晚，知更鸟站在枝头上，无论风怎么吹着树枝摇动，它还是继续呼呼大睡。而当一只黄鼠狼偷偷往树上爬并产生轻微的震动时，

蚕蛾毛茸茸的触角发挥着触觉器官、风速测量器、味觉器官和异性探测仪的作用

知更鸟立即就能感觉到，并马上惊起飞走。

所有的蛇都完全听不到任何声音（包括耍蛇人的吹笛声），它们全靠下颚里的触觉器官去觉察细微的震动。

瘙 痒

当棉花轻轻接触皮肤时，会产生轻微的震动，人的大脑对这种震动产生反应，人体就会有瘙痒的感觉。如果我们用手去挠痒痒，大脑会意识到这只是来自外界的刺激，然后忽略掉这种刺激，瘙痒的感觉就没有了。科学家推测，瘙痒感可能是源于原始人类对老鼠、昆虫、虱子等小动物的侵犯所产生的反应。

动物是灾难报警器

2004年12月26日，那场可怕的印尼海啸席卷了大片的亚洲海岸，夺去了无数人的生命。森林公园的看守人断言，动物区的损失绝对是有史以来最严重的。第二天，他们看到的却是一幅令人诧异的画面：几乎没有一只动物因此死掉！巨浪在公园3千米范围内造成了毁灭性的破坏，被淹死、撞死的人到处都是。然而，动物们却在巨浪到来之前早早地逃离了：大象在灾难来临前1小时就开始紧急撤离，蝙蝠也在白天成群地消失了。人们对动物的这种未卜先知的能力感到十分惊讶。事实上，这种现象并非无法解释。海啸造成了岩石的震动，岩石把震动传递到远方，人类无法察觉到这种震动，但是许多动物却能感觉到。除此之外，这种震动还产生了声波，这种声波超越了人类的听力界限，而大象却能感觉到。

如今，人们对动物预知自然灾害的能力已经不存在任何疑问了。在大多数国家，特别是中国，科学家们正致力于把这种预测能力进行人工复制。但是到目前为止，还没有取得有效的成果。

大象听得到次声波，这种声音是人类的听觉无法察觉的。所以，大象可以察觉到海啸的来临，而人类却无法察觉危险的到来

听 觉

美洲野牛的叫声在草原上能传到6千米以外

动物用听觉干什么？

雌性座头鲸在水下能听到雄性座头鲸20千米外求爱的歌声。歌声的声波在数百米深的海水里可以从海底一直传播至海面，听起来就像大教堂里的钟声一样浑厚清晰。

狮子能听到2500米外的吼叫声；鳄鱼能听到1500米以内的声音；而夜莺最多能听到距离它150米的声音；对于蚊子来说，只能听到3米内的声音。

鹪鹩在7秒内能唱出130个音符，这种声音对于人类来说就是

座头鲸在它们的繁殖区内唱的都是"同一首歌"。第二年，歌曲过时了，它们又会编出新歌

一种单调的咕哝声。但是，当把鹪鹩的歌声录下来，用放慢20倍的速度播放时，鹪鹩的声音对于人类来说就如同天籁之音，让人沉浸其中，仿佛在享受一场妙不可言的听觉盛宴。相反，鹪鹩却无法辨认出它们被放慢了的声音。

当企鹅妈妈从海里捕食归来，它会仔细聆听小企鹅的叫声，从成百上千的小企鹅叫声中成功认出自己孩子的声音，然后慈爱地把食物喂给小企鹅。

这些仅仅是动物利用超凡听觉能力的几个小例子而已。

鹪鹩属于鸟儿中的特例，它们不仅在繁殖期唱歌，一年365天它们都会唱个不停

声 音

声波只有在空气或水等媒介中传播，才能被人听到。在没有介质（也就是说真空）的环境中，人听不到任何声音。因此，宇宙空间里肯定没有任何声音。电影《星球大战》里噼里啪啦的交火声纯属虚构。

一只怒吼的狮子

成群结队的鱼儿靠它们身体上的体侧线保持队形的整齐

流方向，发现其他的鱼群或者敌人游动时产生的压力波。

耳石指的是什么？

硬骨鱼类的内耳中，有一种由碳酸钙构成，起平衡作用和听觉作用的硬组织，这种组织被称为耳石，也叫作平衡石。人们很早就发现，耳石上存在年龄环。所以，与树木的年轮一样，耳石常被用来确定鱼的年龄。

虽然耳石的感官机制很原始，但它却是听觉器官最基础的组成部分。这一部分直到今天依然被保留下来，让听觉器官还起着保持身体平衡的作用，因为耳石对方位和空间变化的感官机制一直被感觉细胞记录着，所以人类的耳朵至今还保留着平衡器官的功能。

体侧线指的是什么？

人的耳朵是从鱼的耳朵进化而来的，而鱼的耳朵又是从水生生物的体侧线进化而来的。严格来说，体侧线应该被划归为触觉器官。

体侧线负责刺激黏液管内的触毛，对水流的波动做出反应。鱼类通过分辨身体前后左右承受的压力差，来判断压力波发出的方向。鳟鱼就利用这个原理确定河流的水

有趣的耳聋

乌贼听不见声音，理由很充分：它们被齿鲸追捕，而齿鲸会对猎物发出雷鸣般的巨吼，乌贼的耳朵就是让巨吼给震聋了。

在鱼类的体侧线下面分布着一个充满黏液的管状物。它通过许多小细孔与包围着身体的水体连接。所以黏液管中的触毛可以感觉到水波，并且通过神经末梢将刺激传送至大脑

蓝点鳐的"耳朵"是一种原始的听觉器官——耳石

鱼是哑巴吗?

当人们将一个水下麦克风安置在珊瑚礁中,似乎很宁静的海底世界突然传出了可怕的喧闹声:沙沙声、鸣叫声、不同节奏的敲击声、像拖着沉重铁链的叮当声、隆隆声、鞭打声,还有在平底锅里煎肥肉时发出的嗞嗞声、像狮子一样发出的呼噜呼噜的低吼声。这些声音是鱼儿们饥饿时的呐喊,危险来临的报警信号,吸引异性的情歌或是向敌人发出挑战的进攻序曲。鱼类中几乎没有一个是哑巴!

海中魔怪鮟鱇鱼

接下来,我将要阐述一个非同寻常的观点:我们最重要的听觉器官是被液体填充的内耳,它是鱼耳的进化产物,是水中声音的接收器,中耳和外耳仅仅是为了使这个器官适应空气中的声响而形成的"附加物"。为了使这个观点被大家理解,我们接下来继续讲讲鱼耳的进化衍变过程。

海因里希·赫兹(1887-1975)

为什么我们听不到鱼的声音呢?

水中的声音和空气中的声音有着不同的特性,就像人们在水中无法交谈,只能咕噜咕噜地吐泡泡一样。我们的耳膜可以和空气中的声音所产生的长而微弱的振动形成共振,但是却不能和水中的声音产生的短而有力的振动形成共振。而这种共振是人耳能听到声音的前提。

鱼耳的进化过程是怎样的呢?

1.75亿年前,海洋中硬骨鱼类的身体里已经进化出了鱼鳔。鱼鳔

赫兹就是"每秒钟的振动次数"。50赫兹的含义就是每秒钟振动50次。这个计量单位是以德国物理学家海因里希·赫兹的名字命名的。

如果有人用手去碰一只鲂鮄,它会大声地发出咕噜咕噜声,这种声音被水下麦克风等电子设备放大后,听起来很像狮子的怒吼

除了能够帮助硬骨鱼类在水中上浮和下潜之外，还有助于加强它们的听力。

鱼鳔使耳石的功能得到了进一步的完善：水中声音穿透鱼的身体并使鱼鳔产生振动。耳骨就像医生的听诊器一样触碰鱼鳔壁，并将振动传递给像管风琴声管一样排列着的、大小不同的听骨。

所以，鲤鱼的听觉范围最高可以扩大至 13 000 赫兹。但这些鱼只能分辨出 400 赫兹到 800 赫兹的不同声音的差别。当声音的频率低于

不同的听觉范围

狗	20 Hz-50 000 Hz
人	20 Hz-20 000 Hz
鼩鼱	1 000 Hz-100 000 Hz
蝙蝠	1 000 Hz-200 000 Hz
猫	60 Hz-60 000 Hz
象	15 Hz-20 000 Hz
海豚	400 Hz-200 000 Hz

←次声波范围   超声波范围→

400 赫兹时，即使鲤鱼听到的是拥有各自频率的不同的声音，但鲤鱼却会认为这些声音都是一模一样的。

我们的外耳和中耳是怎么工作的呢？

为了让声音变得更加丰富和完美，大自然又创造出了耳蜗。人类耳朵里的内耳部分就有耳蜗。

人的外耳构造奇特，使它可以收集来自四面八方的声音。蝙蝠只能靠听觉来掌握方向，所以它的外耳形状更为怪异。声音从外耳进入外耳道，引起鼓膜的振动，同时也引起中耳鼓室里的听小骨（锤骨、砧骨和镫骨）的振动。听小骨（耳骨）依据杠杆定理传递鼓膜的振动，对充满液体的耳蜗的入口——卵圆窗薄膜产生刺激。

于是，在 85 平方毫米的鼓膜上形成的声辐射压被集中在了只有 3.5 平方毫米的卵圆窗薄膜上，从而将空气中的声音振动转变成耳蜗能够接收和处理的液体中的声音振动。

外耳的构造决定了听力

杠杆定理

一个成年人和一个孩子面对面坐在跷跷板两端，孩子的那一端就会翘起。如果成年人向跷跷板的中间滑过去，他自己那一端就会翘起来。这就是杠杆定理的基本原理。

我们的内耳是怎么工作的呢?

耳蜗的卵圆窗使耳蜗蜗管里的淋巴液产生振动。蜗管被基底膜分成了两段。我们能听到的所有音阶上的每个音调在基底膜上都有自己特定的振动位置。基底膜的振动又触动了毛细胞,毛细胞通过神经将声音传到大脑。比如,我们听到了一个人说"啊",基底膜的某个地方就产生了强烈的振动(假设这个振动的强度是1);同时,基底膜另外的一些地方也会产生1/2强度的振动,还有更多的地方会产生了1/3强度、1/4强度的振动,而这些地方并未受到任何刺激。

内耳将声音分解成了一个主音和一系列泛音和低音。它把音符拆分成了数千个神经信号。在大脑的听觉皮层上,这些神经信号被重新组合成一个发音的整体。这个过程和大脑处理视觉信号的过程类似。

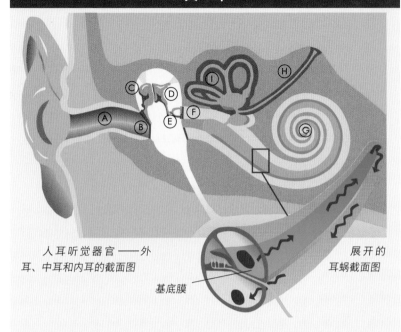

人 耳

人耳听觉器官——外耳、中耳和内耳的截面图

展开的耳蜗截面图

基底膜

声音振动的路线是通过外耳道(Ⓐ),经过鼓膜(Ⓑ),锤骨(Ⓒ),砧骨(Ⓓ)和镫骨(Ⓔ),再穿过卵圆窗(Ⓕ)到达淋巴液填充的耳蜗蜗管(Ⓖ)。这里有一条粗的听觉神经线(Ⓗ)直通人脑。而半规管(Ⓘ)是内耳中的三条平衡器官。

耳朵是怎么确定方向的呢?

除了可以识别音高的感觉细胞以外,内耳还有可以区分音强的感觉细胞。人类可以通过内耳把握350个音层。

神经细胞负责左右方向感的掌握,它可以算出同一个音到达左右耳的时间差——万分之一秒。外耳的形状帮助人们确定声音的上下方向。

猫头鹰左右耳朵的不对称,使它拥有对上下方向都特别灵敏的听觉

雪貂妈妈及时赶到,赶走想袭击它的孩子的敌人

对超声波的感觉

超声波预警

非洲象鼩能听到蛇爬行时发出的超声波范围内的沙沙声。斑点猫头鹰在飞行时静悄悄的，人听不见猫头鹰飞行时的声音。但是，非洲象鼩却能听见斑点猫头鹰震动翅膀时产生的超声波。

动物能听到哪些人耳听不到的声音？

在一个漆黑的夜晚，一只雌雪貂离开它的幼崽到很远的地方寻找食物。突然，这只雌雪貂全身一阵抽搐，随即以最快速度赶回到孩子们的身边，及时赶走一只想吃掉它幼崽的老鼠。为什么在漆黑的夜晚，这只雌雪貂能够从那么远的地方感觉到它的幼崽们正处于危险之中呢？一个带有声音转换器的麦克风解答了这个问题：幼崽向母亲发出了人耳听不见的求救声，这些声音的频率超过 20 000

长耳蝙蝠正在捕食

赫兹。频率超过 20 000 赫兹的声音就是超声波。

对于年纪较大的人来说，声音的频率即使低于 20 000 赫兹，也是超声波。当人变老后，他们感知高频声波的能力会急剧下降。老年人只能听到频率在 5 000 赫兹以下的声波，而在年轻的时候，他们能听到频率为 20 000 赫兹的声波。蝙蝠拥有对超声波最为敏感的耳朵，它们甚至能够听到频率为 17 万赫兹的声波。

鼠科动物也能听到超声波

20 世纪 80 年代初期，苏联间谍在荷兰驻莫斯科大使馆内安装了借助超声波工作的窃听器。这些窃听器被大使养的两只暹罗猫发现了，因为它们总是怀疑墙纸后面有老鼠在动。

在决斗中，一只褐鼠通过超声波叫声向其对手示意——我认输了，从而使胜利者安静下来

能听见超声波的耳朵是如何工作的呢？

其实，那些似乎很神奇的感觉，只是听觉器官对声音的接收范围更大而已。很多动物都拥有这种能力。

在人类看来，两只褐鼠吵架时没有发出任何声音。事实上，它们却在互相向对方吹频率大约为 50 000 赫兹的超声波口哨。在这次战斗中，失利的一方会将自己的哨音转为频率为 25 000 赫兹的长哨音，表示投降，以免自己被胜利者咬伤。

人们可以利用超声波发射器将老鼠、鼹鼠和石貂从房子中或者花园中赶走。不过，这个超声波发射器也会赶走猫和狗，因为它们的耳朵也能听到这一频率的声音。对于人类的耳朵来说，狗哨的声音非常微弱。但是，吹响狗哨后发出的超声波，能让狗从几百米远的地方跑回来。

蝙蝠的秘密是什么呢？

月光下的卢加诺湖显得相当安静。但当科学家在湖边放上一台可以将接收到的超声波声音转换成我们能听得到的声音的机器时，扬声器中发出的声音让人觉得这里就像是一个热闹的建筑工地。这些声音就是蝙蝠发出的超声波喊叫声。幸运的是，我们听不见

技术竞赛

蝙蝠利用超声波追捕夜蛾。但是，夜蛾也有自己的一套对抗措施，它们能听到蝙蝠发出的超声波。当夜蛾听到蝙蝠靠近时，马上会从空中垂直掉下去，以此来躲避蝙蝠的攻击。

马掌状的鼻子——叶鼻蝠用这种鼻子发出超声波喊叫声。它们的鼻子也能聚集声波，并将声波引导进耳朵里

抹香鲸

金丝燕属的鸟类为了在别的动物难以到达的地方筑巢，经常会在漆黑的洞穴迷宫中飞行几千米。它们拥有和蝙蝠类似的听觉系统，可以利用回声探路，并以惊人的速度避开岩石和同伴。不过，它们发出的声音是人耳可以听得到的。

雄性北欧雷鸟在发情期时会"唱"起求偶的歌声，但人耳却听不见这种声音，因为它是一种人耳听不见的次声波。这样，它的敌人就无法听见它的歌声，而它想吸引的雌性北欧雷鸟却听得见

这些喊叫声。否则，我们不可能在夜晚安静地休息。

科学家们花了很长时间才发现蝙蝠的秘密。蝙蝠用普通的发声器官发出超声波叫声，然后根据叫声的回声形成一个真实的图像，这个图像几乎和人眼看到的图像一样清晰。但当蝙蝠口中含有猎物时，它就什么都感觉不到。不过，叶鼻蝠却有一种补救措施：用鼻子发出叫声，因此它们的鼻子形状特殊。

海豚和鲸鱼也能"听见"图像，这样它们就可以在黑暗或者浑浊的水中确定方位。当海豚受到鲨鱼的攻击时，它会搅动水底的烂泥，并用这些烂泥将自己隐藏起来。在浑浊的水中鲨鱼什么都看不见，而海豚却能清楚地"听"到鲨鱼的动静。

在南极水域里，蓝鲸通过自己发出的声波测定磷虾虾群的位置，然后游向那里，一口吞下好几吨磷虾。在深达2 000米的深海里，抹香鲸用自己能听到的超声波搜寻它最喜欢的食物——体长达10米的大章鱼。抹香鲸头部长有一个脂肪晶体，可以聚积超声波，并把声波信息反馈给大脑。

次声波交流

人类听不到频率低于20赫兹的声音，低于这一频率的声音被称为次声波。某些大型动物能发出次声波，例如大象，它们能够通过次声波进行超远距离交流。人们最近发现，大象能够巧妙地利用黄昏时发生的某些天气变化。黄昏时，离地300米高处的气温与白天截然不同，导致次声波会被反射回地面；而在白天，次声波会消散在空中。所以，在白天，大象的次声波只能在1平方千米的范围内传播；但是到黄昏时，一头大象发出的次声波能够被285平方千米范围内的同伴听见。有人认为北欧雷鸟也能发出次声波，这一观点引起了人们的惊讶，因为北欧雷鸟的个头太小了。不过人们发现，它们并不是通过发声器官发出次声波，而是通过一种特殊的拍打翅膀的方式产生次声波。

黄昏中的象群

嗅　觉

一头经过训练的警犬能够跟踪犯罪嫌疑人两天前留下的足迹,就算犯罪嫌疑人穿着橡胶鞋,它们也能够嗅出来。当警犬在路口发现犯罪嫌疑人的气味时,它能立刻嗅出犯罪嫌疑人是逃向了左边还是右边。警犬是怎样做到的呢?

足迹留下的味道大约由 20 种不同的气味组成,它们会以不同的速度快速消失。对于警犬来说,这些迅速消失的气味就像是一个指示方向的箭头。因为犯罪嫌疑人的足迹会改变那里原本的气味,即使犯罪嫌疑人的气味消失了,足迹那块地方的气味也会和周围的不同。但是在下了一场大雨之后,警犬就跟踪不到任何足迹了。

狗喜欢通过鼻子感觉周围环境

淡水鳗鱼拥有最敏锐的嗅觉能力

与狗的嗅觉能力相比,鳗鱼的嗅觉更敏锐。人们做了这样一个试验,当一滴玫瑰花精油用 58 倍的博登湖湖水稀释之后,鳗鱼仍然能感觉到这种芬芳。这听起来好像不可思议,不过人们通过科学途径证明了这一点。尽管香油被充分稀释,但在每立方厘米的水中仍然含有 1 770 个香料分子,这一数量正好是鳗鱼对

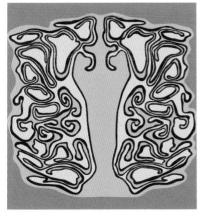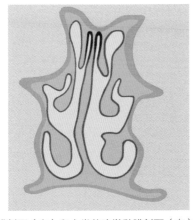

狗的嗅觉黏膜剖面（左）和人类的嗅觉黏膜剖面（右）

都是在夜间活动，因此它们必须具有敏锐的嗅觉。

人的鼻子中只有很小一块嗅觉粘膜，位于鼻腔顶部两侧，仅有5平方厘米，而警犬的嗅觉粘膜则有150平方厘米大。

如果将人和动物的嗅觉细胞的数量进行比较的话，这种不平衡情况就更为明显：人类仅有500万个嗅觉细胞，而德国猎犬却有1.25亿个嗅觉细胞；而猎狐犬拥有的嗅觉细胞比后者还要多2200万个，也就是1.47亿个；警犬更是拥有2.2亿个嗅觉细胞。从数学上来讲，警犬的嗅觉能力应该比人类好上44倍。这样算是不正确的。事实上，警犬的嗅觉能力比人类好上100万倍，因为警犬的嗅觉细胞比人类的嗅觉细胞敏感得多。

对于脊椎动物来说，微小的香料分子侵入鼻腔黏膜，并刺激分布在那里的嗅觉细胞，使它们嗅到气味。而对于昆虫来说，这些香料分子直接与它们触角中的感受器接触。有时候，仅仅只需要一个分子就能引发昆虫的嗅觉信号。因此，地球上嗅觉最灵敏的生物是昆虫。

这种芳香做出反应的最低值。

鳗鱼需要这种不同寻常的鼻子，以便能在晚上捕获到猎物。而对于鲑鱼来说，只有当它的鼻子内充斥了5000万个香料分子时，它才能感觉到这种气味。一种以吃植物和小动物为生的小鲤鱼，它们的鼻子更是需要750亿个香料分子才能感觉到气味。

最好成绩

狗能嗅出一个人是否很紧张，不管它表面装得有多么勇敢；它能发现封装在罐头中的毒品；它还能嗅到雪崩之后被掩埋在雪底下的遇险者，尽管救援人员曾多次经过这个地方，并让这个地方沾上了他们的气味。

动物的嗅觉为什么这么好？

人类的鼻子已经退化了，因为人类主要在白天活动，因此眼睛变得更为重要。而其他哺乳动物大部分

金龟子的触角像棕榈树叶，这些触角能嗅到它们的幼虫喜欢吃的植物，比如说蒲公英的叶子

蛇在吐信子的时候能收集其周围环境的信息

物散发出的味道。蛇能够凭借舌头跟踪猎物，因为它的舌头能感觉地面上的气味，并将这种气味传送给分布在嘴里的嗅觉细胞。许多鱼类不仅能用鼻子闻，还能用皮肤闻。而金龟子的幼虫，即所谓的小金虫蛆，甚至能闻到泥土里的一种气味，也就是我们人类闻不到的二氧化碳。植物的新陈代谢会不断让根部释放出二氧化碳，从而将小金虫蛆引向植物的根部，因为那是它们的食物。蜜蜂也能通过

人和动物能闻到二氧化碳的味道吗？

对于许多动物来说，嗅觉比视觉和听觉更重要，就连微小的变形虫都能闻到距离它们一毫米远的食

人对二氧化碳的感觉

人类的脑干血管也能在不知不觉中感觉到二氧化碳，与这些感觉细胞相连的神经控制着人们的呼吸速度。

嗅觉研究领域的诺贝尔奖

2004 年的诺贝尔医学奖，颁给了美国的两位嗅觉研究学家理查德·阿克塞尔和琳达·巴克。他们的工作就是研究人类嗅觉的基本功能。这表明，这个看起来似乎特别简单的事情其实是那么地复杂。人体内至少有 1 000 个基因能各自产生不同的嗅觉受体类型，它们占人类基因总数的 3%。每一种嗅觉细胞只有一种类型的受体，因此人体内存在各种各样的嗅觉细胞。因为每一种受体只能识别出少数几种气味，而对其他的气味毫无感觉，所以人体也必须存在大量各种不同的嗅觉细胞。嗅球分布在鼻黏膜上部，里面包含嗅小球。类似的感觉细胞的所有神经纤维都汇集在一个嗅小球中，形成一个非常庞大的神经束。同样，一个嗅小球通常也只能受到为数不多的几种气味的刺激。真正的气味感觉和记忆则通过大脑产生和储存，在那里，各种嗅小球的信号被组合，从而使人类可以区分大约 10 000 种气味。

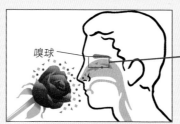
嗅球是大脑回路中的第一个工作阶段

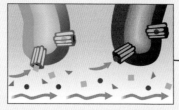
接受体开始接受气流中的气味分子

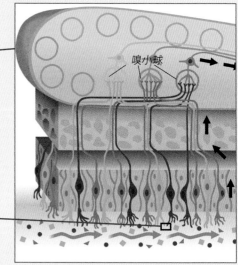
信号通过嗅小球传递到高级的大脑区域

海豚属于齿鲸目。在交配季节，雌性海豚会在方圆几千米的海面上留下自己的气味，目的是让自己能够轻易地找到伴侣

救命老鼠

老鼠可以救命？听起来似乎是件天方夜谭的事情，但是这种技术已经被用于实践了。人们将一种特殊的电极植入老鼠的体内，这种电极能够识别老鼠大脑中关于嗅觉的典型刺激模式。每当老鼠发现了一名地震遇难者，电极都会发出信号。此外，这个电极还能够刺激老鼠的兴奋中心，让老鼠继续寻找遇难者。

触角嗅到二氧化碳，这是它们排出的废气。蜜蜂会不停地扇动翅膀，用来调节蜂房中的空气流通，保持空气清新。

气味能传递信息吗？

许多动物都能分泌特殊的芳香物质，从而使周围的空气散发出香气，以此寻找伴侣或者吸引异性。

我们把这种芳香物质称为性引诱剂，也称作性外激素。某些甲虫的触须也能产生性外激素，雄性甲虫在雌性甲虫的触角附近摇晃触须，用气味刺激雌性甲虫与它交配。性外激素能还能在几千米的范围内产生作用，例如夜蛾。雌性夜蛾能产生性外激素，它只需要停歇在树枝上，就可以把雄性夜蛾从很远的地方吸引过来。

当一只发情的母狗被主人带到公园散步时，它会在公园里的树边留下它的气味，而这种气味会让无数的公狗变得异常兴奋。同样，一些处于发情期的雌猫也会散发出气味，让雄性追求者们在夜间"喵喵"直叫。

动物不仅通过气味来吸引异性，还会通过气味来标记自己的财产和领地，甚至利用气味警告、攻击和恐吓其他动物。在蚂蚁群体中，它们通过气味决定不能生育的雌性蚂蚁更适合成为工蚁还是兵蚁。从这个角度来说，气味也能影响动物的身体构造。

如果没有性外激素，蚁穴中将会出现一片混乱

这种苍蝇能用腿品尝味道

味 觉

是什么将味觉从嗅觉中区分开来的？

对于生活在水中的所有原生动物及螺蛳、贝壳来说，味觉和嗅觉是一回事。但是，自然界却将所有的昆虫、其他高等动物的味觉和嗅觉分开了，因为在品尝味道的时候需要与物质直接接触，

蝴蝶用触觉，鳗鱼用皮肤，章鱼用吸盘。对于我们来说"没有一点味道"的水，青蛙却能从中尝出味道。

人能尝到什么味道？

事实上，人们只能尝出甜、酸、咸和苦四种味道。人们在品尝一顿所谓的美味大餐时，其实是通过从嘴里上升到鼻子里的气味来享受的。只有当调味品在唾液中溶解之后，人们才能尝出味道。显然，这种化学溶液会刺激味觉细胞。除了控制味觉感觉之外，这种味觉细胞还控制着唾液的组成成分，目的是让人能够更好地消化食物。

分叉的舌头

蛇的舌头是分叉的，这大大改善了蛇的味觉。蛇可以比较两个舌尖上的味道，通过细微的差别来判断猎物的方位。

黄的

咸的 咸的

酸的 酸的

味蕾

甜的

味觉的四种基本质

味蕾是一种椭圆形的结构，外面有一层盖细胞，里面是细长的味觉细胞。支配味蕾的神经末梢细支包围在味觉细胞上，把味觉细胞的刺激传递到大脑的味觉中枢

但是闻味道的时候却没有这个必要。一般来说，动物通过位于舌头上和上颚中的味蕾来感觉食物的味道，但是也有些动物通过其他的器官来感觉味道，例如，苍蝇用脚，

羚羊和蝎子等沙漠里的动物能尝出水的味道，使它们能在表面干燥的地方找到水源

40

一头母象正在分娩

疼痛感

"警报装置"：当身体受到刺激时，位于末梢的感觉细胞被激活，通过神经纤维将感觉细胞的信息传递到皮肤表层，并通过皮肤表层向身体的其他部位扩散。人体每平方厘米的皮肤里分布有 200 个疼痛触点和几千根神经纤维，一旦皮肤受到损伤，这些物质就会在较短时间内通过化学反应产生作用。由于痛感是一种独立存在的感觉，因此，只有极少数人因为遗传缺陷而感觉不到疼痛。比如患有所谓"遗传性感觉神经病 IV 型"的患者，他们就感觉不到任何疼痛，身上经常毫无知觉地出现各种伤口：创伤、挫伤和烧伤，甚至骨折。这种感受不到疼痛的"好处"却给他们带来了终生的痛苦。由此可见，具有正常的疼痛感是多么重要。

无痛感现象

当人被狮子或其他猛兽攻击时，因为惊吓过度的原因，起初他们根本就感觉不到自己受了重伤。一段时间之后，他们才会慢慢感觉到疼痛。这是从动物界遗传下来的一种本能，使得人能够在受伤的情况下逃离危险。

动物对疼痛的承受极限有多大?

母体在分娩时无疑忍受着极大的痛苦，但是没有哪一种雌性野生动物在分娩时会发出吼叫，它们静静地忍受着一切痛苦，以免招来其他凶猛的肉食类动物趁机攻击它们。如果一只狐狸的前腿被猎人安放的铁夹子夹住了，它会咬断那条腿逃生；帝王鹦鹉经常因为在花丛里吸食花蜜而遭到蜜蜂的叮蜇，因此它们自己能产生一种镇痛剂——唾液中的一种能够消肿止痛的物质。

疼痛感是如何产生的?

疼痛感的产生并不是因为极度的触觉刺激而产生的。动物对疼痛的感知有一套专门的

如果一只澳洲小鹦鹉的舌头够不着昆虫的叮咬处，那么它的同伴就会向伤口处涂抹含有镇痛物质的唾液

平衡感

动物能感知月亮吗?

工蚁是看不到月亮的,因为它们的视力十分有限。但是在满月和新月的时候,它们却显得特别忙碌。那它们是如何知道什么时候是满月,什么时候是新月的呢?当一位科学家把一个重140千克的铅块放到蚂蚁巢穴旁边的时候,他弄清楚了这个问题。这个铅块的质量非常大,远远超过了月球所产生的引力,因为它离蚁巢的距离比月亮要近得多。这些小东西们突然间感觉不到月亮的各种变化了,这种现象表明,蚂蚁具有一种异常灵敏的重力感,它们不仅可以感觉到来自地球的引力,还能感觉到来自月亮、太阳甚至是它们巢穴的厚重墙壁所产生的极其微弱的引力。

所以,它们不仅能分清哪里是上面,哪里是下面,还能判断出它们自己在这个巨大迷宫中身处何处。

猫在坠落时是四肢着地吗?

事实上,猫具有非常好的平衡感。甚至在它们旋转坠落的时候,仍然能在坠落的过程中,飞快地直立起头部,然后将身体的其他部位调整到正确的姿势,从而保证落地时四肢首先着地。

同样,人在坠落时,对于这种直立的姿态也存在着一种神奇的感觉。相反,通过眼睛去看,却往往会使自己判断错误。科学家们通过实验发现了这一令人费解的现象。他们在一个旋转轴上搭建了一个房间,整个房间就像是在一艘风雨飘摇的船上,东摇西晃。在这个用于实验的房间里还放有一把椅子,同

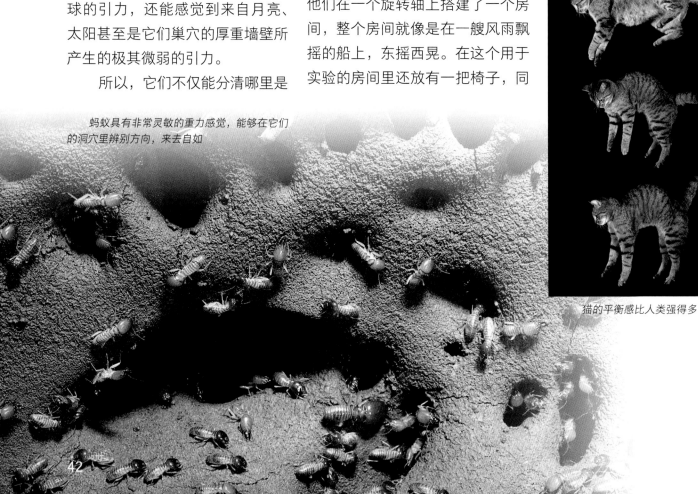

蚂蚁具有非常灵敏的重力感觉,能够在它们的洞穴里辨别方向,来去自如

猫的平衡感比人类强得多

所谓**重力**，就是能使两个具有质量的物体互相靠近的力量。地球围绕着太阳公转，是因为太阳对地球产生了引力。比太阳要小得多的月球也对地球产生引力，从而产生潮汐现象。要从感官上感觉这种引力，则需要有非常敏锐的感觉。

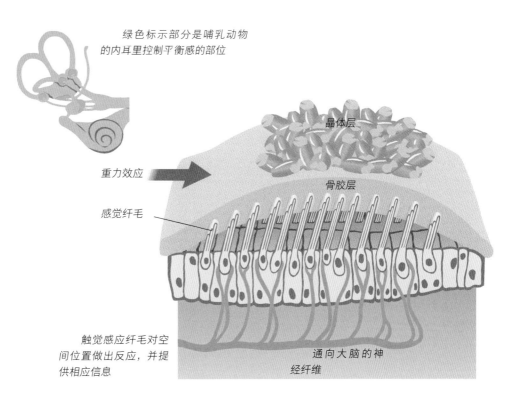

绿色标示部分是哺乳动物的内耳里控制平衡感的部位

晶体层

骨胶层

重力效应

感觉纤毛

触觉感应纤毛对空间位置做出反应，并提供相应信息

通向大脑的神经纤维

蜜蜂的蜂巢

蜜蜂对引力的感觉如同量角器一般精确，它们能将蜂巢恰到好处地建在倾斜13度的角度上，这样蜂蜜就不会流出来。此外，它们还把重力感运用在舞蹈语言上，以此交流信息。

样可以自由地摇摆。现在，让一个人坐在这把椅子上，当他睁着眼睛的时候，根本找不到正确的直立位置，使自己坐稳；如果实验者将眼睛闭上，反而能够很快确定正确的位置。

人如何保持平衡？

昆虫肢体的所有关节上都有触觉茸毛形成的软垫层。由于重力原因，当身体的某一部位越偏离其正常位置，就会有越多的触觉茸毛受到刺激，并通过神经把每个肢体的姿势信息传递给这个昆虫。

哺乳动物及人类通过位于两个前庭蜗器中的内耳来掌握平衡。每个前庭蜗器内都有一片由纤细触觉纤毛组成的"麦田"，纤毛顶部的胶质层上有一层晶体。晶体在重力的作用下使触觉纤毛倒向一侧，并向大脑传递倾斜的信息。

我们已经在听觉器官图上看到过半规管，它们的作用就完全不同了。半规管内充满了液体，每根管道都有一个前庭，里面有一把毛刷状的触觉纤毛。人们在转头或者歪头的时候，半规管和纤毛都会随着头部运动，但管内的液体却由于惯性的原因保持静止（打个比方：当你原地转动一个装满茶水的杯子时，你会发现：只有杯子在旋转，茶水并没有转动），从而对运动着的纤毛产生刺激。因此，纤毛记录下这种刺激行为以及在水平、纵向垂直和横向垂直的三个管道内每个方向上产生的加速度。通过这种方式，我们就可以感觉到各种加速度，从而保持身体平衡。

饥渴感

动物中有绝食大王吗?

一头狮子连续七天不吃东西也不会变得虚弱,当然,此后它会敞开胃口大吃一顿,一直到什么也吃不下为止。雌性章鱼在产卵前两周就会失去食欲,不再进食,以免在寻找食物时不小心把自己的卵暴露给敌人。蟒蛇甚至在饱餐一顿后的两年内都不用进食。

为什么会感到饥饿?

1910年左右,两位美国医生做了这样一个实验,他们把一只气球放到一只狗的胃里。他们发现,只要给气球充气,狗就会产生饱胀的感觉,即使它一整天都没吃任何东西,但是一旦空气被抽出,那么几秒钟之后,狗就会感觉到极度饥饿。

如此看来,饱胀感与胃的膨胀度密切相关,但是还有其他因素在起作用。例如,通过人工管道将食物直接摄入胃部的病人,需要双倍的分量才会产生"饱"的感觉,这就是说食物通过咽喉和食道进入胃部,在很大程度上也对产生"饱"的感觉起了作用。相信每个人都深有体会:吃一份番茄炒鸡蛋比喝同等分量的水所需要的消化过程长得多。也就是说,身体还具有判断所摄取食物营养价值的本能。

所有这些不同的感觉都是通过大脑下侧两点的神经汇集到间脑,并在那里被区分为两部分:饱和中心和与它相邻的饥饿中心。

为什么会感到口渴?

人能够坚持长达一星期的绝食抗议,但是如果不喝水,则抗议很快就会宣告失败。"口干舌燥"只是口渴的一种表现。传递口渴信息的神经位于脑部饥饿中心的干渴中心。在这里有专门的信息接收器官测定血液中的盐分,以此来衡量人体是否缺水。

耐渴高手

单峰骆驼体内的那个120升的水箱并不在驼峰中,而是在身体的各个细胞里面。在它喝水的时候,这些细胞的体积可以膨胀到原来的240倍。不仅如此,骆驼还具有一个特殊机能:身体不出汗;能在人类无法忍受的高温中生存;在体内缺水时不排尿;即使是吃干草,它也能通过体内的化学反应从中得到水分给养。

帝企鹅的孵卵任务由雄帝企鹅完成。在整个孵化过程中,雄帝企鹅仅靠体内储存的脂肪维持生命,不会进食

对电的感觉

单峰骆驼可以在近3周的沙漠行程中不喝水

鲨鱼头部有一个所谓的**洛伦兹腹壶**。它能够通过充满黏液的管道接收电子脉冲，并通过皮肤毛孔与外界保持联系。脉冲经由神经束传递到大脑。

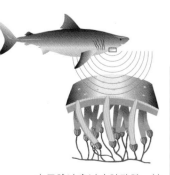

电子脉冲穿过皮肤孔隙，被位于下方的洛伦兹腹壶接收

电鳗如何捕食呢？

当一条电鳗通过微弱的电流脉冲确定了猎物的方位时，就会悄悄潜近猎物，并在瞬间释放出高达800伏特的电压。猎物被电击晕后四处乱窜，于是这条长达两米的电鳗就像一条巨蟒一样缠绕住猎物，继续对猎物进行电击。电鳗还会通过电流脉冲来追袭一群具有进攻性的水虎鱼，让它们四处逃窜。采用相似捕猎方式的还有非洲的电鲇和生活在温带远海水域的电鳐。

非洲的尼罗河梭子鱼和南美洲的刀鳗生活在一个完全通过电流产生感觉的世界里。它们通过发出微弱的电流，在浑浊的河流里辨别方位。特别是当河流湍急，侧线器官不起作用的时候，它们只能借助于电流定位，生存下来。它们根据释放出的电流所形成的电流范围来划定自己的生活与捕食范围，并通过电流与对手进行决斗。梭子鱼群通过电流进行信息交流，它们还通过"电流"对话，并在繁殖期通过电流"唱情歌"，向对方发出求爱信号。

电感觉器官是如何起作用的呢？

我们知道，每块肌肉在运动时都会产生电流。能产生电流的鱼类的器官就好像是变异

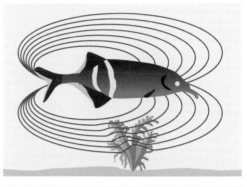

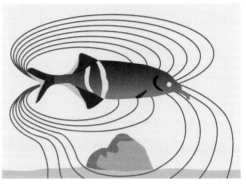

一只尼罗河梭子鱼能够根据电磁场识别周围存在的物体：良好的导电体如植物（上图），使磁力线密度加强，而不良导电体如石头（下图），磁力线则会绕开它

的肌肉。为了定位，这种鱼在自己周围建起一个电磁场，在运动过程中，磁力线以特殊的方式"绕过"猎物、敌人或其他物体。它们体内有一种特殊的感觉细胞，可以感觉到身体皮肤，尤其是头部皮肤内的磁力线输入和输出的密度变化，然后把这个信息传递给大脑，大脑就靠这些信息推断出数米外的情况。

鳗通过高压电捕杀猎物，通过弱电流识别同类

电磁感应

动物能感觉到磁场吗?

很多动物具有感知地球磁场的神奇能力,其中人们最为熟悉的就是候鸟了。除此之外,磁场还对其他许多动物的行为产生了强烈的影响:高压电线附近的电场会使蜜蜂自相残杀,甚至杀死幼蜂;受到手机信号影响的蜜蜂会部分丧失飞回家的能力;手机信号发射塔附近的麻雀数量随着辐射的增加而减少;列队迁徙的候鸟在飞近手机信号发射塔时,队形就散开了。

电磁感应从何而来?

如今,我们可以确定,动物体内并不存在某种电磁感应器官。很长一段时间,人们都在动物体内寻找金属结构,希望能找到体内指南针的"磁针"。直到不久前,人们才发现了一种特殊的非金属有机生物分子。令人惊讶的是,这种非金属分子同样具有磁性特征,它们分布在动物的视网膜上,帮助动物辨认方向。这个也许就是动物能感应磁场的关键吧。

每年秋天,君王蝶和候鸟一样迁徙,它们要飞行近 4 000 千米的距离才能到达过冬的地区

神奇的磁场定位

如果没有磁场定位能力,没有哪一只候鸟能找到正确的飞行方向。数十年来,尽管世界各地的研究者都在潜心研究候鸟的定位能力,但仍然有很多问题没有解决。人们只知道,候鸟体内有一种类似指南针的东西,可以感觉并定位地球磁场发出的磁力线。倘若这根"指针"处于水平位置,那么此时候鸟正途经赤道。当候鸟飞往南北两极中的一端时,

信鸽笼

这根"指针"会逐渐向上朝垂直方向移动。很显然,候鸟具有一种把地理位置和某种磁场磁力线定位对应起来的本能。

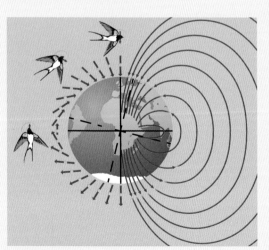

右半部分为地球磁场磁力线,左半部分则是一只鸟的"指南针"所处的相应位置

不过,让人困惑不解的是另外一种根本不属于候鸟的动物——信鸽。信鸽能够以惊人速度从一个陌生的地方返回到出发地,它们是如何做到的呢?它们可以称得上是真正的导航者。信鸽体内的"指南针"虽然为信鸽指明了方位,但是若要找到回家的路,它的头脑中必须有一幅明确的地图。而信鸽是如何弄清楚这张地图的经度和纬度的,人们就不得而知了。大概它拥有的电磁感应机能比目前人们的科技先进太多。

其他的感觉能力

在水边嬉戏的象群

可以通过这种气压感觉测量出自己的飞行高度，这种感觉相当于是一个高度测量仪；而青蛙的气压感觉可以作为"体内晴雨表"来预报天气。

聪明的大象

整个象群生活在最干燥的沙漠中心，它们能否生存下来取决于它们的领头雌象寻找水源的经验和能力。领头雌象通常并不是象群中最强壮的，但会受到所有大象的尊重，就像人类敬重有知识的学者一样。

信天翁知道如何充分利用风暴，它能借助风力进行长途飞行

还存在其他的感觉吗？

尽管本书通过举例说明了动物的许多感觉能力，但是还远没有罗列出动物所有的感觉能力，比如有些动物具有一种感觉湿度的能力，蜜蜂的触角里就含有这种特殊的感觉细胞，当它们感觉到蜂巢过于潮湿时，就会挥动双翅，为蜂巢通风；若是觉得蜂巢里过于干燥，它们就会用翅膀取水，然后震动翅膀让水在蜂巢里挥发。此外，动物还有一种气压感觉。在雾天飞行时，信鸽

感觉的作用范围有多远？

雨燕的"远程晴雨表"让人不可思议，它能让雨燕在几百千米内搜寻到天气晴好的地区，从而绕过降雨地带。

荒漠蝗虫、跳羚、曲角羚和长角羚的"内部气象台"能告诉它们，沙漠中几千千米以外的哪个地方，什么时候会有临时阵雨。然后它们就会迁徙到那里，享用雨后刚长出来的茂盛植物。

弯角羚能在沙漠地区生存，因为它们能感觉到远处的降雨，从而找到牧草

48